1 （理論的には）夢のある話

夢のある話から始めよう．質量の存在は重力場を生成し，質量を持った物体が加速度運動すると重力波を生成する*1 ことはよく知られている．重力場を決定する方程式はアインシュタイン方程式と呼ばれており，これは質量のみならず，重力エネルギー以外の任意のエネルギーが重力場を決定するという内容である．もちろん電磁場エネルギーであってもよい．つまり，電磁波（場）が重力波（場）を生成したり，逆に重力波（場）が電磁波（場）に影響するという状況を考えることができる．これはなかなかロマンあふれる状況ではないだろうか [1]*2．

そこで，本書では，電磁波が生成する重力波について考察する．大まかな流れは以下の通りである．

1. 状況を設定（2 節）．
2. 設定された状況に対するエネルギー運動量テンソル $T^{\mu\nu}$ を算出（3 節）．
3. アインシュタイン方程式を線形化し，弱い重力波解を算出（4 節）．
4. 具体的な計算と結果を解説（5 節）．
   (a) 生成された重力波の典型的な大きさを概算（5.1 節）．
   (b) 重力波が作る時空のゆがみを算出（5.2 – 5.3 節）．

なお，読者は，マクスウェル方程式等の電磁気学の初歩と空洞共振器の原理，一般相対論の初歩（特に重力波）を知っているものとする．

2 状況設定

空洞共振器，すなわち，金属（導体）で囲まれた直方体で，その内部はほぼ真空であるとし，最も簡単なモードの電磁波の定在波で満ちていて，装置外部には電磁場が存在しないと

---

*1 ただし，加速度運動を行っていても，厳密に球対称な条件下では，重力波は生じない．これは負の質量が存在しないため，2 重極モーメントは 0 で，4 重極モーメントから非 0 となるためである．

*2 反重力，UFO，ハチソン効果のような，疑似科学業界のロマンがあふれる状況である．

いう状態を，**電子レンジのようなもの（仮）**と呼ぶことにする[*3]．なお，簡単のため，空洞共振器は $[0, L] \times [0, L] \times [0, L]$ の立方体（図1）とし，$L (> 0)$ は十分大きく，量子論の効果は無視できるものとする．

このとき，最も簡単な TE_{011} モードの電場 $\boldsymbol{E}$ と磁場 $\boldsymbol{B}$ は，時間変動項を明示し，実数部のみ表示することにすれば，次式で与えられる．

$$\boldsymbol{E} = -E_0 \sin(ky) \sin(kz) \sin(\omega t) \begin{pmatrix} 1 \\ 0 \\ 0 \end{pmatrix}, \tag{1}$$

$$\boldsymbol{B} = \frac{E_0}{\sqrt{2}c} \cos(\omega t) \begin{pmatrix} 0 \\ -\sin(ky)\cos(kz) \\ \cos(ky)\sin(kz) \end{pmatrix}. \tag{2}$$

ここで，$k = \pi/L$, $\omega = \sqrt{2}kc$ (c は光速)，E_0 は電場の次元を持つ量である．自由空間における波長は $\sqrt{2}L$ に相当する．この電磁場は [5][6] を参考にした．なお，以下では，$x^0 = ct$, $\boldsymbol{x} = {}^t(x^1, x^2, x^3)$, $x^1 = x$, $x^2 = y$, $x^3 = z$ と書いたり，従属変数の x, y, z 方向成分を，その変数の肩に添え字 1, 2, 3 を乗せて表現したりすることがある．

この電磁場の，ある時刻の典型的な空間変動を模式的に示すと図2のようになる．左図が電場ベクトル，右図が磁場ベクトルを表す．電場ベクトルも磁場ベクトルも x には依存

[*3] 電子レンジは空洞共振器ではないらしい．付録Bでは，市販の電子レンジが空洞共振器であると仮定した時，どのモードに相当するかを調べたが，結論はよく分からない（共振器と見なせそうな電子レンジとそうでないものがある）．電子レンジ内にチョコレートを置いて溶けた箇所の位置から光速度を算出することができるという主張 [4] があったり，できないという主張 [17] があったりする．おそらく，電子レンジは，空洞共振波長のいくつかの重ね合わせ（マルチモード）であると思われる [3]．

ところで，電磁波と重力波の相互作用を考えるにあたって，手軽に計算できて，それっぽい設定を考えることは，かなり難しい．例えば，レーザーが作る重力波をモデル化することを考える．単なる平面波や球面波，ガウシアンビーム，ベッセルビーム，その他の独自設定を用いると，積分が発散したり，近似が破綻したりする．

空洞共振器の場合には，電磁波が存在する空間が有限であるため，積分は収束し，近似が破綻することもない．もちろん，観測可能なほどの重力波を生成するだけの電磁波を空洞共振器にぶち込むと，非常に高温になって装置自体が溶けたり，溶けはしないまでも断熱が不十分で黒体放射が発生し，外部電磁場が存在しないという設定が成り立たなくなってしまったりするが，そのあたりの問題は未来の超科学でなんとかするものとする．

以上の状況を鑑みて，本書では，TE_{011} モード（式(1)(2)）の空洞共振器を「電子レンジのようなもの（仮）」と呼ぶ．

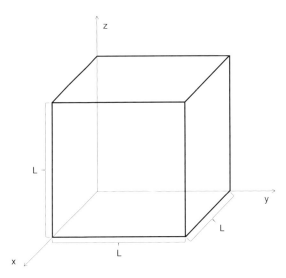

図 1 電子レンジのようなもの（仮）．その実体は，$[0,L] \times [0,L] \times [0,L]$ のサイズの，TE$_{011}$ モードの空洞共振器である．

しないため，電場は $x = L/2$，磁場は $x = L$ のときのベクトルを代表的に描いている．電場ベクトルの大きさは，$t = n\pi/\omega$（n は整数）のときは，0 となるが，そうでないときは，$(y,z) = (L/2, L/2)$ のとき最大となる．一方，磁場ベクトルは，$t \neq n\pi/\omega$，かつ，$(y,z) \neq (L/2, L/2)$ のときは閉曲線を描く．これは，$\text{div} \boldsymbol{B} = 0$ からも分かることである．

以降の内容とは直接には関係ないが，せっかくなので，磁場ベクトルが描く閉曲線を求めてみる．$\alpha \equiv \dfrac{E_0}{\sqrt{2}c} \cos(\omega t) \neq 0$ を満たすようなある時刻 t を固定する．式 (2) の磁場ベクトルから，適当なパラメータ s に対し，

$$\begin{cases} \dfrac{dy}{ds} = -\alpha \sin(ky)\cos(kz), \\ \dfrac{dz}{ds} = \alpha \cos(ky)\sin(kz). \end{cases}$$

したがって，$dz/dy = -\cot(ky)\tan(kz)$ となり，積分すると $\sin(ky)\sin(kz) = \text{const.}$，特に，$L = \pi$ ととれば，$\sin(y)\sin(z) = \text{const.}$ となって簡単である．これを図示すると，図 3 のようになる．

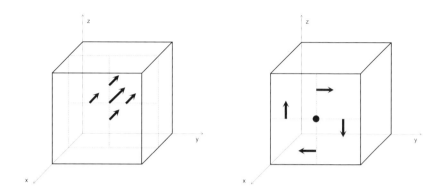

図2 TE$_{011}$ モードの空洞共振器の電磁場. 左図が電場, 右図が磁場を表す. 各ベクトルは時刻によっては反転する. 電子レンジだと考えると, 周波数は 2.45 GHz であることから, 1秒間に20億回以上反転することになる.

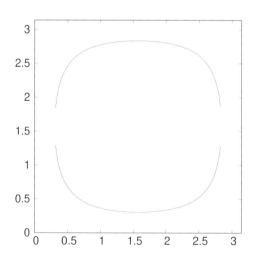

図3 図2の磁場ベクトルを描画. 横軸 y, 縦軸 z とし, 実線が $\sin(y)\sin(z) = 0.3$, 点線が $\sin(y)\sin(z) = 0.8$ を示す閉曲線である. $z = 1.5$ 付近で切れているが, これはグラフ描画ツールの都合であり, 実際には繋がっている.

3 電磁場のエネルギー運動量テンソル

以上で説明した空洞共振器の設定を用いて重力波を求める．その前に空洞共振器が発生する電磁場のエネルギー運動量テンソルを求めておかねばならず，その準備として，電磁場テンソルを求める必要がある．

電磁場テンソルは，電磁ポテンシャル A^μ を用いて，次式で与えられる [2]．

$$F^{\mu\nu} = A^{\mu,\nu} - A^{\nu,\mu}.$$

微分は共変微分にしなくていいのか心配になるが，クリストッフェル記号の対称性からアフィン接続項は消えてしまうので，問題はない．電場 $\boldsymbol{E} = {}^t(E^1, E^2, E^3)$ と磁場 $\boldsymbol{B} = {}^t(B^1, B^2, B^3)$ を明示的に用いると，

$$F^{\mu\nu} = \begin{pmatrix} 0 & E^1/c & E^2/c & E^3/c \\ -E^1/c & 0 & B^3 & -B^2 \\ -E^2/c & -B^3 & 0 & B^1 \\ -E^3/c & B^2 & -B^1 & 0 \end{pmatrix},$$

$$F_{\mu\nu} = \begin{pmatrix} 0 & -E^1/c & -E^2/c & -E^3/c \\ E^1/c & 0 & B^3 & -B^2 \\ E^2/c & -B^3 & 0 & B^1 \\ E^3/c & B^2 & -B^1 & 0 \end{pmatrix}.$$

電子レンジのようなもの（仮）の設定においては，電磁場テンソルは，

$$F^{\mu\nu} = \frac{E_0}{\sqrt{2}c} \begin{pmatrix} 0 & -\sqrt{2}\sin(ky)\sin(kz)\sin(\omega t) & 0 & 0 \\ \sqrt{2}\sin(ky)\sin(kz)\sin(\omega t) & 0 & \cos(ky)\sin(kz)\cos(\omega t) & \sin(ky)\cos(kz)\cos(\omega t) \\ 0 & -\cos(ky)\sin(kz)\cos(\omega t) & 0 & 0 \\ 0 & -\sin(ky)\cos(kz)\cos(\omega t) & 0 & 0 \end{pmatrix},$$

$$F_{\mu\nu} = \frac{E_0}{\sqrt{2}c} \begin{pmatrix} 0 & \sqrt{2}\sin(ky)\sin(kz)\sin(\omega t) & 0 & 0 \\ -\sqrt{2}\sin(ky)\sin(kz)\sin(\omega t) & 0 & \cos(ky)\sin(kz)\cos(\omega t) & \sin(ky)\cos(kz)\cos(\omega t) \\ 0 & -\cos(ky)\sin(kz)\cos(\omega t) & 0 & 0 \\ 0 & -\sin(ky)\cos(kz)\cos(\omega t) & 0 & 0 \end{pmatrix}.$$

電磁場のエネルギー運動量テンソルは，次式で与えられる．

$$T^{\mu\nu} = -\frac{1}{\mu_0}\left(g^{\sigma\nu}F_{\rho\sigma}F^{\rho\mu} - \frac{1}{4}g^{\mu\nu}F_{\rho\sigma}F^{\rho\sigma}\right).$$

μ_0 は真空の透磁率である．$g^{\mu\nu}$ は計量テンソルで，符号の規約は $(+,-,-,-)^{*4}$，ミンコフスキー時空から僅かにずれていると仮定し，

$$\eta^{\mu\nu} = \begin{pmatrix} 1 & & & \\ & -1 & & \\ & & -1 & \\ & & & -1 \end{pmatrix},$$

$|h^{\mu\nu}| \ll 1$ とすると，$g^{\mu\nu} = \eta^{\mu\nu} - h^{\mu\nu} \approx \eta^{\mu\nu}$ である．したがって*5，

$$T^{\mu\nu} \approx -\frac{1}{\mu_0}\left(\eta^{\sigma\nu}F_{\rho\sigma}F^{\rho\mu} - \frac{1}{4}\eta^{\mu\nu}F_{\rho\sigma}F^{\rho\sigma}\right). \tag{3}$$

ここで，

$$(\text{式 (3) 括弧内第 1 項}) = \eta^{\sigma\nu}F_{\rho\sigma}F^{\rho\mu} = \begin{pmatrix} F_{\rho 0}F^{\rho 0} & -F_{\rho 1}F^{\rho 0} & -F_{\rho 2}F^{\rho 0} & -F_{\rho 3}F^{\rho 0} \\ F_{\rho 0}F^{\rho 1} & -F_{\rho 1}F^{\rho 1} & -F_{\rho 2}F^{\rho 1} & -F_{\rho 3}F^{\rho 1} \\ F_{\rho 0}F^{\rho 2} & -F_{\rho 1}F^{\rho 2} & -F_{\rho 2}F^{\rho 2} & -F_{\rho 3}F^{\rho 2} \\ F_{\rho 0}F^{\rho 3} & -F_{\rho 1}F^{\rho 3} & -F_{\rho 2}F^{\rho 3} & -F_{\rho 3}F^{\rho 3} \end{pmatrix}$$

$$= \frac{E_0^2}{2c^2}\begin{pmatrix} -2\sin^2(ky)\sin^2(kz)\sin^2(\omega t) & 0 & -\frac{\sqrt{2}}{4}\sin(2ky)\sin^2(kz)\sin(2\omega t) & -\frac{\sqrt{2}}{4}\sin^2(ky)\sin(2kz)\sin(2\omega t) \\ 0 & f(y,z,t) & 0 & 0 \\ -\frac{\sqrt{2}}{4}\sin(2ky)\sin^2(kz)\sin(2\omega t) & 0 & -\cos^2(ky)\sin^2(kz)\cos^2(\omega t) & -\frac{1}{4}\sin(2ky)\sin(2kz)\cos^2(\omega t) \\ -\frac{\sqrt{2}}{4}\sin^2(ky)\sin(2kz)\sin(2\omega t) & 0 & -\frac{1}{4}\sin(2ky)\sin(2kz)\cos^2(\omega t) & -\sin^2(ky)\cos^2(kz)\cos^2(\omega t) \end{pmatrix}.$$

ただし，$f(y,z,t)$ は次のように定義する．

$$f(y,z,t) \equiv 2\sin^2(ky)\sin^2(kz)\sin^2(\omega t) - \cos^2(ky)\sin^2(kz)\cos^2(\omega t) - \sin^2(ky)\cos^2(kz)\cos^2(\omega t).$$

また，

$$(\text{式 (3) 括弧内第 2 項}) = -\frac{1}{4}\eta^{\mu\nu}F_{\rho\sigma}F^{\rho\sigma} = \frac{E_0^2}{4c^2}f(y,z,t)\,\eta^{\mu\nu}.$$

計算結果をまとめる．$T^{\mu\nu}$ は対称テンソルであることに注意して，

$$T^{\mu\nu} \approx \frac{E_0^2}{4c^2\mu_0}\begin{pmatrix} t^{00} & 0 & t^{02} & t^{03} \\ 0 & t^{11} & 0 & 0 \\ t^{02} & 0 & t^{22} & t^{23} \\ t^{03} & 0 & t^{23} & t^{33} \end{pmatrix} \equiv \frac{E_0^2}{4c^2\mu_0}t^{\mu\nu}$$

---

*4 世間的には $(-,+,+,+)$ のほうが普通になりつつある気がする．これは，[7] のコラム「相対性理論のデファクトスタンダード」によると，名著「Gravitation」[8] の影響のようである．
　たまたま著者が勉強した際に用いた本が $(+,-,-,-)$ を採用していただけで深い主張はない（あえて言えば，因果関係を持ちうる領域内に存在する，微小距離離れた 2 点間の距離の 2 乗 ds^2 は非負であって欲しい．）のだが，今思うと失敗だったかもしれない．ともかく，記号・記法は可能な限り [2] に準拠する．

*5 この操作は，次節で行う「$h^{\mu\nu}$ の 2 次以上の項を無視」とは相容れないが，計算を簡単に行うためにこのようにする．なお，[2] でも，添字の上げ下げは $g^{\mu\nu}$ でなく，$\eta^{\mu\nu}$ で行っているため，おそらくさほど問題ないはずである．

とおくと，

$$\begin{aligned}
t^{00} &= 4\sin^2(ky)\sin^2(kz)\sin^2(\omega t) - f(y,z,t)\\
&= 2\sin^2(ky)\sin^2(kz)\sin^2(\omega t) + \cos^2(ky)\sin^2(kz)\cos^2(\omega t) + \sin^2(ky)\cos^2(kz)\cos^2(\omega t),\\
t^{02} &= \frac{\sqrt{2}}{2}\sin(2ky)\sin^2(kz)\sin(2\omega t),\\
t^{03} &= \frac{\sqrt{2}}{2}\sin^2(ky)\sin(2kz)\sin(2\omega t),\\
t^{11} &= -2f(y,z,t) + f(y,z,t)\\
&= -2\sin^2(ky)\sin^2(kz)\sin^2(\omega t) + \cos^2(ky)\sin^2(kz)\cos^2(\omega t) + \sin^2(ky)\cos^2(kz)\cos^2(\omega t),\\
t^{22} &= 2\cos^2(ky)\sin^2(kz)\cos^2(\omega t) + f(y,z,t)\\
&= 2\sin^2(ky)\sin^2(kz)\sin^2(\omega t) + \cos^2(ky)\sin^2(kz)\cos^2(\omega t) - \sin^2(ky)\cos^2(kz)\cos^2(\omega t),\\
t^{23} &= \frac{1}{2}\sin(2ky)\sin(2kz)\cos^2(\omega t),\\
t^{33} &= 2\sin^2(ky)\cos^2(kz)\cos^2(\omega t) + f(y,z,t)\\
&= 2\sin^2(ky)\sin^2(kz)\sin^2(\omega t) - \cos^2(ky)\sin^2(kz)\cos^2(\omega t) + \sin^2(ky)\cos^2(kz)\cos^2(\omega t).
\end{aligned}$$

4 アインシュタイン方程式の線形化

アインシュタイン方程式は以下で与えられる[*6]．

$$R^{\mu\nu} - \frac{1}{2}g^{\mu\nu}R = -\kappa T^{\mu\nu}.$$

ここで，$R^{\mu\nu}$ はリッチテンソル，R はスカラー曲率，$\kappa = 8\pi G/c^4$，G は万有引力定数，c は光速度である．

この方程式を線形化する [2]．3 節で導入した $g^{\mu\nu}$ をアインシュタイン方程式に代入し，$h^{\mu\nu}$ の 2 次以上の項を無視，適当にゲージを固定すると，波動方程式が得られる．詳細は省略するが，この方程式は具体的に解くことができて，$T^\mu_\mu = 0$，すなわち，$h^\mu_\mu = 0$（トレースレス）に注意すれば，結果は以下のようになる．

$$h^{\mu\nu}\left(x^0, \boldsymbol{x}\right) = \frac{\kappa}{2\pi}\int \frac{T^{\mu\nu}\left(x^0 - |\boldsymbol{x}' - \boldsymbol{x}|, \boldsymbol{x}'\right)}{|\boldsymbol{x}' - \boldsymbol{x}|}dV'. \quad (4)$$

ここで，$x^0 = ct$，$\boldsymbol{x}$ は四元位置ベクトルの空間成分，$|\boldsymbol{x}' - \boldsymbol{x}|$ はユークリッド空間における距離である．空間部分についてはほとんどユークリッドであることに注意する．積分は，

[*6] 宇宙項は，宇宙全体を考慮するような場合にしかほとんど効いてこないため，ここでは無視する．

全空間に渡って行う．電子レンジのようなもの（仮）の場合には，電磁波が存在する空間 $[0, L] \times [0, L] \times [0, L]$ でよい．また，無限の過去から存在する重力波（エネルギー運動量テンソルとは無関係に存在する重力波）を意味する項は無視した．

付録 A で述べるように，1st order では重力場は電磁場に影響しないため，重力波を求めるには，単純に，前節で得た $T^{\mu\nu}$ を代入すればよい．結果は

$$h^{\mu\nu}\left(x^0, \boldsymbol{x}\right) \approx \frac{GE_0^2}{\mu_0 c^6} \int \frac{t^{\mu\nu}\left(t - \frac{|\boldsymbol{x}' - \boldsymbol{x}|}{c}, \boldsymbol{x}'\right)}{|\boldsymbol{x}' - \boldsymbol{x}|} dV'.$$

このままでは，とても計算できそうにないので，なんとか近似したい．よく考えると，観測者は，電子レンジのようなもの（仮）に近づきすぎると，危険である．何しろ重力波を生成するような代物である．いくら未来の超科学とはいえ，ちょっとした設計ミスで電磁波が漏れ出してしたら，大惨事となってしまう[*7]．そこで，$|\boldsymbol{x}'| < L \ll |\boldsymbol{x}|$ ($\equiv r = $ 原点から観測者までのユークリッド距離) を仮定する．明示的に直交座標を用いると，

$$\begin{aligned}h^{\mu\nu} &\approx \frac{GE_0^2}{\mu_0 c^6} \int \frac{t^{\mu\nu}\left(t - \frac{r}{c}, \boldsymbol{x}'\right)}{|\boldsymbol{x}|} dV' \\ &= \frac{GE_0^2}{\mu_0 c^6 r} \int_0^L dx' \int_0^L dy' \int_0^L dz' \, t^{\mu\nu}\left(t - \frac{r}{c}, x', y', z'\right).\end{aligned} \quad (5)$$

式 (5) に $t^{\mu\nu}$ を代入して計算を続行するのだが，$h^{\mu\nu}$ の非対角成分は 0 となる．まず，そのことを示そう．例として，h^{02} を計算する．

$$\begin{aligned}h^{02} &\propto \int_0^L dx' \int_0^L dy' \int_0^L dz' \, t^{02}\left(t - \frac{r}{c}, x', y', z'\right) \\ &\propto \int_0^L dx' \int_0^L dy' \int_0^L dz' \, \sin(2ky') \sin^2(kz') \sin\left[2\omega\left(t - \frac{r}{c}\right)\right] \\ &= \int_0^L dx' \int_0^L dy' \int_0^L dz' \, \sin\left(\frac{2\pi}{L}y'\right) \sin^2\left(\frac{2\pi}{L}z'\right) \sin\left[2\omega\left(t - \frac{r}{c}\right)\right] \\ &= 0.\end{aligned}$$

[*7] と言いつつ，本書でよく扱うパラメータは家庭用電子レンジを想定して，しれっと 100 V などとなっているので注意．

つまり，非対角成分 t^{02}, t^{03}, t^{23} の積分は，変数分離されていて，なおかつ，$\sin(2ky)$ や $\sin(2kz)$ が一回ずつ出現するために，0 となる．

次に，式 (5) の対角成分の計算を行う．対角成分の各項はやはり変数分離されているため，容易に計算できる．

$$B \equiv \frac{2\sqrt{2}\pi}{L},$$
$$p\left(x^0, r\right) \equiv \cos\left[B\left(x^0 - r\right)\right],$$
$$I_{sss} \equiv (\sin^2(ky)\sin^2(kz)\sin^2(\omega t) \text{ に由来する積分}),$$
$$I_{csc} \equiv (\cos^2(ky)\sin^2(kz)\cos^2(\omega t) \text{ に由来する積分}),$$
$$I_{scc} \equiv (\sin^2(ky)\cos^2(kz)\cos^2(\omega t) \text{ に由来する積分})$$

とおくと，

$$I_{sss} \equiv \int_0^L dx' \int_0^L dy' \int_0^L dz' \ \sin^2(ky')\sin^2(kz')\sin^2\left[\omega\left(t - \frac{r}{c}\right)\right]$$
$$= \sin^2\left[\omega\left(t - \frac{r}{c}\right)\right] L \int_0^L \sin^2\left(\frac{2\pi}{L}y'\right) dy' \int_0^L \sin^2\left(\frac{2\pi}{L}z'\right) dz'$$
$$= \sin^2\left[\omega\left(t - \frac{r}{c}\right)\right] \frac{L^3}{4} = \frac{L^3}{8} (\ 1 - \cos[B(ct - r)]\ )$$
$$= \frac{L^3}{8}\left[1 - p\left(x^0, r\right)\right].$$

I_{scc}, I_{csc} の計算も I_{sss} と同様に実行できて，

$$I_{scc} = I_{csc} = \frac{L^3}{8}(\ 1 + \cos[B(ct - r)]\ ) = \frac{L^3}{8}\left[1 + p\left(x^0, r\right)\right].$$

5 電子レンジのようなもの（仮）が作る重力波の性質

電子レンジのようなもの（仮）が作る重力波は，最終的に以下のようになる．まず，非対角成分は全て 0 である．次に，対角成分だが，無次元量 $\frac{GE_0^2 L^2}{2\mu_0 c^6}$ を A とおけば，

$$h^{00} = \frac{GE_0^2}{\mu_0 c^6 r}(2I_{sss} + I_{csc} + I_{scc}) = \frac{GE_0^2 L^3}{2\mu_0 c^6}\frac{1}{r} = A\frac{L}{r},$$

$$h^{11} = \frac{GE_0^2}{\mu_0 c^6 r}(-2I_{sss} + I_{csc} + I_{scc}) = \frac{GE_0^2 L^3}{2\mu_0 c^6}\frac{1}{r}p\left(x^0, r\right) = A\frac{L}{r}p\left(x^0, r\right),$$

$$h^{22} = \frac{GE_0^2}{\mu_0 c^6 r}(2I_{sss} + I_{csc} - I_{scc}) = \frac{GE_0^2 L^3}{2\mu_0 c^6} \frac{1}{2r}\left[1-p\left(x^0,r\right)\right] = A\frac{L}{2r}\left[1-p\left(x^0,r\right)\right],$$

$$h^{33} = \frac{GE_0^2}{\mu_0 c^6 r}(2I_{sss} - I_{csc} + I_{scc}) = \frac{GE_0^2 L^3}{2\mu_0 c^6} \frac{1}{2r}\left[1-p\left(x^0,r\right)\right] = A\frac{L}{2r}\left[1-p\left(x^0,r\right)\right].$$

A は時空のゆがみのスケールを決定する．以上より，

$$\begin{aligned}
g^{\mu\nu} &= \eta^{\mu\nu} - h^{\mu\nu} \\
&= \eta^{\mu\nu} - A\frac{L}{r}\begin{pmatrix} 1 & & & \\ & p(x^0,r) & & \\ & & \dfrac{1-p\left(x^0,r\right)}{2} & \\ & & & \dfrac{1-p\left(x^0,r\right)}{2} \end{pmatrix},
\end{aligned} \quad (6)$$

$$\begin{aligned}
g_{\mu\nu} &= \eta_{\mu\nu} + \eta_{\mu\rho}\eta_{\nu\sigma}h^{\rho\sigma} \\
&= \eta^{\mu\nu} + A\frac{L}{r}\begin{pmatrix} 1 & & & \\ & p(x^0,r) & & \\ & & \dfrac{1-p\left(x^0,r\right)}{2} & \\ & & & \dfrac{1-p\left(x^0,r\right)}{2} \end{pmatrix}
\end{aligned} \quad (7)$$

を得る．

では，生成された重力波の特徴について調べていこう．まず，重力波の波長は $L/\sqrt{2}$ なので，もとの電磁波の波長の1/2となる．これは，エネルギー運動量テンソルが，電磁場テンソルの2乗のような形をしていることによる．計算結果を先に説明してしまうが，物理的な意味は図6を見ると分かる．電磁波の1周期の間に，重力波は2周期めぐるのだが，速さは電磁波も重力波も光速なので，波長は1/2となるのである．

次に，y 軸方向と z 軸方向の振動（h^{22} と h^{33}）は完全に一致している．これは，図2の対称性から理解できる．また，どの方向の振動も x^0 と r のみに依存している．観測者は十分遠方から見ているという近似を行ったためである．

5.1 電磁波によって生成された重力波の典型的な大きさ

100 V の家庭用電子レンジの場合には，$E_0 L \approx 100$ (V)，$L = 30$ (cm)，$r = 10$ (m) とすると，生成された重力波のオーダー h は，

$$h \sim A\frac{L}{r} = \frac{GE_0^2 L^2}{2\mu_0 c^6}\frac{L}{r} \sim 10^{-53} \quad (8)$$

となる．ちなみに，日本の重力波検出器 KAGRA の目標検出感度は，最も高感度な周波数帯[*8] で $h \sim 10^{-24}$ 程度である [12]．なお，人が腕を回しても重力波は出るが，(腕の質量) $\equiv M \sim 1$ (kg)，(腕の長さ) $\equiv a \sim 1$ (m)，(腕を回す角周波数) $\equiv \omega \sim 10$ (rad/s)，$r = 10$ (m) とすると，腕を回すエネルギーは電子レンジと同程度[*9] であるにも関わらず，重力波の大きさは $h \sim \dfrac{8GMa^2\omega^2}{c^4 r} \sim 10^{-43}$ となり[*10]，電子レンジよりも 10 桁ぐらい大きい．この理由は 6 節で考察する．

次に，線形近似が適用できなくなるときの電位差のオーダーを算出する．$A \approx 1$ より，

$$E_0 L \approx \sqrt{\frac{2\mu_0 c^6}{G}} \approx 5.23 \times 10^{27} \text{ (V)}$$

となって，プランク電圧のスケールとなる [9]．ちなみに，人類史上最強の電場はおそらく LHC[*11] あたりで，その最大値は概ね 100 MV/m ぐらい [10]，その全周を大きめに見積もって 100 km とすると，電位差は 10^{13} V 程度となって，プランク電圧には全く届かない．では，宇宙最強の磁場（磁束密度）×（光速）程度の電場[*12] ならどうだろうか? [11] によると，マグネター（極端に強い磁場を持つ中性子星）が最強で，最大 100 GT ぐらい，L としては，系の典型的な大きさとして中性子星の半径 10 km を採用すると，電位差は 10^{23} V 程度となり，もう少し頑張ればプランク電圧に届きそうである．

本節の結果をポジティブに捉えれば，電磁波による重力波生成を取り扱う上で，線形近似が破綻することはまずなく，単純な近似で扱える．ネガティブに捉えれば，重力波生成は 1st order でさえ非常に小さく，プランクスケールのオーダーとなってしまう．

[*8] KAGRA の目標周波数帯は 100 Hz ぐらいであり，電子レンジから生成される重力波の周波数からは 8 桁ほどずれるので，周波数の観点からも観測は不可能である．

[*9] このときの仕事率は概ね 100〜1000 W，一般的な電子レンジの出力は 500〜600 W[13] で，両者はほぼ同程度の出力となって比較しやすい．

[*10] $h \sim \dfrac{8GMa^2\omega^2}{c^4 r}$ は，連星系が生み出す重力波の大きさを評価する式である．

[*11] 電磁波ではなく，ただの電場かもしれないが細かいことは言わない．だいたい，古典論では扱えない気もするが細かいことは以下 ry

[*12] もはやどのような物理的意味があるのか不明だが，とにかく単位的に矛盾のない数値を代入している．だいたい，式 (4) によれば，電磁場で重力波を生成するなら，エネルギー運動量テンソルは時間に依存していなければならず，電磁場も時間依存している必要があるが，中性子星周りの磁場の時間変動については，著者は全く知らないため，以下 ry

5.2 重力波が作る時空のゆがみを与える方程式

次に，こうして作られた重力波がどのような物理的影響をもたらすかについて考察したい [16][7]．時空に質点（試験粒子）を置き，その軌道にどのような影響を与えるかを観察するのである．

このようなことを考える理由は，単に質点の軌道を知りたいということの他に，一般相対論の構造が関わっている．計量 $g^{\mu\nu}$ は時空構造の情報を持っているが，これはテンソルであって，座標変換によって形を変えてしまう．式 (6) で与えられる時空を適切に変換すると，ミンコフスキー時空になってしまうかもしれない[*13]．平坦な時空でなく本当に歪んでいるということを示すには，リーマン曲率テンソル $R^{\mu}_{\nu\lambda\sigma}$ を見る必要があり，これはつまり，潮汐力（少し離れた 2 点間の重力の差分）を見ればよい．言い換えると，1 点の運動だけを見ていても重力波は検出できず，2 質点の相対的な運動を観察する必要があるということである．

具体的にどのようにするかを説明する．重力しか働いていない質点の運動方程式は，以下で与えられる．

$$\frac{d^2 x^\mu}{d\tau^2} + \Gamma^\mu_{\rho\sigma}\frac{dx^\rho}{d\tau}\frac{dx^\sigma}{d\tau} = 0. \tag{9}$$

ここで，τ は固有時間である．十分に軽い 2 質点 I, II が少し離れて存在しているとし，重力波以外の力は働いていないとする．このとき，I と II の座標 x_{I}^μ, x_{II}^μ はともに方程式 (9) に従うことと，両者の差は微小であることから，2 質点の軌道差 $\xi^\mu \equiv x_{\mathrm{II}}^\mu - x_{\mathrm{I}}^\mu$ が従う方程式が導出できる [18]．

$$\frac{d^2 \xi^\mu}{d\tau^2} + \Gamma^\mu_{\rho\sigma}\frac{d\xi^\rho}{d\tau}\frac{d\xi^\sigma}{d\tau} = R^\mu_{\nu\lambda\sigma} u^\nu u^\lambda \xi^\sigma. \tag{10}$$

$u^\nu = \frac{dx_{\mathrm{I}}^\nu}{d\tau}$ は質点 I の 4 元速度である．方程式 (10) を測地線偏差の式という．リーマン曲率テンソルが出現しているので，時空の真の歪みを反映していることが分かる．

[*13] 実際には，付録 C の結果から，リーマン曲率テンソル $R^{\mu}_{\nu\lambda\sigma}$ は非 0 の成分を持つため，少なくとも平坦な時空ではない．

今，質点 I, II の運動はゆっくりであると仮定すると，ξ^μ の各成分は光速度より十分小さくなり，方程式 (10) の左辺第 2 項を無視できる．また，$u^\nu \approx {}^t(c,0,0,0)$ と近似できるため，方程式 (10) は，以下のようにかなり簡単になる．

$$\frac{d^2\xi^\mu}{d\tau^2} = c^2 R^\mu_{00\sigma}\xi^\sigma.$$

付録 C の結果を用い，$r \gg L$ より，r^{-1} の高次項を無視すると，

$$\frac{1}{c^2}\frac{d^2\xi^0}{d\tau^2} = R^0_{00\sigma}\xi^\sigma = 0,$$

$$\frac{1}{c^2}\frac{d^2\xi^1}{d\tau^2} = R^1_{00\sigma}\xi^\sigma = \frac{4\pi^2 A}{L}\frac{\cos\left[B\left(x^0-r\right)\right]}{r}\xi^1 - \frac{3AL}{2}\frac{x^1 x^2}{r^5}\xi^2 - \frac{3AL}{2}\frac{x^1 x^3}{r^5}\xi^3$$

$$\approx \frac{4\pi^2 A}{L}\frac{\cos\left[B\left(x^0-r\right)\right]}{r}\xi^1. \tag{11}$$

ξ^2, ξ^3 についても同様に，

$$\frac{1}{c^2}\frac{d^2\xi^2}{d\tau^2} = -\frac{2\pi^2 A}{L}\frac{\cos\left[B\left(x^0-r\right)\right]}{r}\xi^2,$$

$$\frac{1}{c^2}\frac{d^2\xi^3}{d\tau^2} = -\frac{2\pi^2 A}{L}\frac{\cos\left[B\left(x^0-r\right)\right]}{r}\xi^3.$$

ここで，$\frac{dx_1^\mu}{d\tau} \approx {}^t(c,0,0,0)$ より，$x^0 \approx c\tau$, $r \approx$ (原点からの距離で，時間に依存しない定数) となる．式が簡潔になるように，$\tau' \equiv B\left(x^0-r\right)$ と線形変換して，固有時間 τ の原点と単位を取り直す．また，τ' による微分を $\dot{}$（ドット）により表現し，定数 $C \equiv \frac{AL}{4r} (\ll 1)$ を導入する．すると，最終的にマシュー型の微分方程式 [19]

$$\ddot{\xi}^1 = 2C\cos(\tau')\,\xi^1, \tag{12}$$

$$\ddot{\xi}^2 = -C\cos(\tau')\,\xi^2, \tag{13}$$

$$\ddot{\xi}^3 = -C\cos(\tau')\,\xi^3 \tag{14}$$

を得る．初期条件は，解が恒等的に 0 にならず，τ' を大きくしても発散しない[*14] ようなも

[*14] 線形近似しているため，長時間経過後に発散するような解は扱いにくい．ただし，ここで行っている近似によっても，極端に長時間後の解は近似できない．近似が成り立つための条件は，式 (15) のように近似できる条件から $\tau' \ll 1/C$ である．

この条件を実際の状況に当てはめてみよう．$\tau' = B(ct-r)$, $C = \frac{AL}{2r}$ より，概ね $t \ll \frac{\mu_0 c^5 r}{GE_0^2 L^2}$ となる．家庭用電子レンジを想定して，$E_0 L \approx 100$ (V), $L = 30$ (cm), $r = 10$ (m) とすると，$t \ll 10^{43}$ (s) となって，宇宙年齢のオーダー 10^{17} (s) よりもはるかに長い．したがって，近似が破綻する可能性はほとんど考えなくてよい．悠久の時を超えて重力波を生成し続ける電子レンジというわけである．

のであれば任意でよい．ここでは考えやすくするため，質点 II は，初期状態で静止していて，質点 I の周囲に球面上に分布しているという条件を採用する．式で書くと，R_i を定数として，$\xi^i(\tau'=0) = R_i$, $\dot{\xi}^i(\tau'=0) = 0$ ($i=1,2,3$)，ここで，R をある正の実数として，$R_1^2 + R_2^2 + R_3^2 = R^2$ を満たすものとする．ξ^0 については，$\tau' \to \infty$ でも有限の解は $\xi^0 = \mathrm{const.}$ しかないが，これは質点 I, II の時間座標の原点がずれていてもよいということを意味するだけなので，$\xi^0 = 0$ としてよい．

では，この条件下で方程式 (12) を解いてみよう．天下りだが，$\xi^1 = R_1 \left[\, 2C(1-\cos(\tau')) + \cos\left(\sqrt{2}C\tau'\right) \,\right]$ とおいて，方程式 (12) 各辺に代入すると，$C \ll 1$, $C\tau' \ll 1$ なので，

$$\begin{aligned}
\text{方程式 (12) 左辺} &= 2RC\cos(\tau') - 2RC^2 \cos\left(\sqrt{2}C\tau'\right) \approx 2RC\cos(\tau'), \\
\text{方程式 (12) 右辺} &= 2RC\cos(\tau') \left[\, 2C(1-\cos(\tau')) + \cos\left(\sqrt{2}C\tau'\right) \,\right] \\
&\approx 2RC\cos(\tau')\cos\left(\sqrt{2}C\tau'\right) \\
&\approx 2RC\cos(\tau').
\end{aligned} \qquad (15)$$

したがって，

$$\xi^1 = R_1 \left[\, 2C(1-\cos(\tau')) + \cos\left(\sqrt{2}C\tau'\right) \,\right] \approx R_1 \left[\, 1 + 2C(1-\cos(\tau')) \,\right] \qquad (16)$$

は近似解となっており，初期条件も満たしている．

方程式 (13)(14) の解も同様に求めることができて，

$$\xi^2 = R_2 \left[\, -C\left(1-\cos(\tau')\right) + \cos\frac{C\tau'}{\sqrt{2}} \,\right] \approx R_2 \left[\, 1 - C\left(1-\cos(\tau')\right) \,\right], \qquad (17)$$

$$\xi^3 = R_3 \left[\, -C\left(1-\cos(\tau')\right) + \cos\frac{C\tau'}{\sqrt{2}} \,\right] \approx R_3 \left[\, 1 - C\left(1-\cos(\tau')\right) \,\right] \qquad (18)$$

となる．

ここで，まとめて扱えるよう，一般的に，g_1, g_2, g_3 を任意関数，$R_1^2 + R_2^2 + R_3^2 = R^2$ として，

$$\xi^1 = R_1 \, g_1(\tau'), \qquad (19)$$
$$\xi^2 = R_2 \, g_2(\tau'), \qquad (20)$$
$$\xi^3 = R_3 \, g_3(\tau') \qquad (21)$$

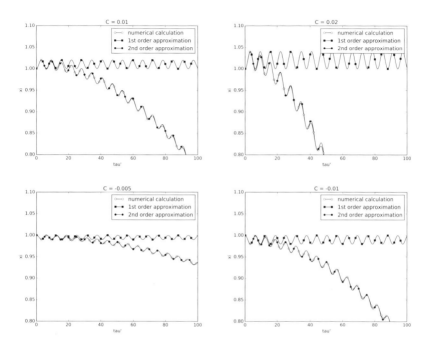

図4 $\ddot{\xi} = C\cos(\tau')\xi$ の数値解と近似解．各図の縦軸横軸のスケールは，比較しやすいように一致させてある．パラメータはそれぞれ，左上，右上，左下，右下の順に $C = 0.01, 0.02, -0.005, -0.01$ である．1st order approximation は近似解 (16)–(18) 最右辺，2nd order approximation は中辺に対応する．

2nd order approximation はかなり高精度に求まっていることが分かる．1st order approximation でも横軸 τ' が小さい時はうまく近似できている．

数値解 (numerical calculation) の算出には scipy のメソッド odeint を用いた．odeint は，計算効率や計算精度が比較的高いとされている [20]．方程式の硬さを気にする必要がない点もメリットである．これは，硬くない方程式に対しては Adams-Bashforth-Moulton 法，硬い方程式に対しては後退微分法を自動選択するためである．なお，刻み幅は 0.01 とした．

が成り立っているとする．R_i ($i=1, 2, 3$) を消去すると，

$$\left(\frac{\xi^1}{g_1(\tau')}\right)^2 + \left(\frac{\xi^2}{g_2(\tau')}\right)^2 + \left(\frac{\xi^3}{g_3(\tau')}\right)^2 = R^2$$

となる．つまり，式 (19)–(21) が表す図形は，三軸の長さが $R\,g_1(\tau')$, $R\,g_2(\tau')$, $R\,g_3(\tau')$，体積 $\frac{4}{3}R^3 g_1(\tau')g_2(\tau')g_3(\tau')$ の楕円体である．この微小な楕円体の体積（以下，微小体積と略記）は，各点ごとに保存せずともよい（時間に依存してよい．）のだが，ある閉曲面上のすべての点で膨張，もしくは収縮してしまうと，解をうまく解釈できなくなってしまう．もちろん，膨張・収縮が方向に依存している場合には，各点ごとに微小体積が保存している必要はない．

ところが，方程式 (12)–(14) の段階で（つまり，解の近似精度とは無関係に），方向依存がないにもかかわらず，非自明解は体積保存しないことが示せる．微小体積が保存していていると仮定すると $\frac{4}{3}R^3 g_1(\tau')g_2(\tau')g_3(\tau') \propto \xi^1\xi^2\xi^3 = \mathrm{const.}$ より，両辺を微分して $\xi^1\xi^2\xi^3$ で割ると，

$$\frac{\dot{\xi}^1}{\xi^1} + \frac{\dot{\xi}^2}{\xi^2} + \frac{\dot{\xi}^3}{\xi^3} = 0.$$

もう一度両辺を微分すると，

$$\frac{\ddot{\xi}^1\xi^1 - (\dot{\xi}^1)^2}{(\xi^1)^2} + \frac{\ddot{\xi}^2\xi^2 - (\dot{\xi}^2)^2}{(\xi^2)^2} + \frac{\ddot{\xi}^3\xi^3 - (\dot{\xi}^3)^2}{(\xi^3)^2} = 0.$$

方程式 (12)–(14) を代入すると，

$$\frac{2C\cos(\tau')(\xi^1)^2 - (\dot{\xi}^1)^2}{(\xi^1)^2} + \frac{-C\cos(\tau')(\xi^2)^2 - (\dot{\xi}^2)^2}{(\xi^2)^2} + \frac{-C\cos(\tau')(\xi^3)^2 - (\dot{\xi}^3)^2}{(\xi^3)^2} = 0.$$

したがって，

$$\left(\frac{\dot{\xi}^1}{\xi^1}\right)^2 + \left(\frac{\dot{\xi}^2}{\xi^2}\right)^2 + \left(\frac{\dot{\xi}^3}{\xi^3}\right)^2 = 0$$

となって，実は $\xi^i = \mathrm{const.}$ となってしまう．だから，方程式 (12)–(14) は，もともと C^2 の精度は無い．その精度で計算を行いたいときには，式 (11) の導出で無視した，方向依存項を残す必要がある．近似解 (16)–(18) 中辺は，解としては C^2 の精度があり，実際，図 4

(2nd order approximation) に示すように，数値解をよく近似しているが，やはり，空間の各点で微小体積は保存しない．

一方，近似解 (16)–(18) 最右辺（1st order approximation）は，C の 1 次の精度で微小体積を保存している．これは

$$\xi^1\xi^2\xi^3 = R_1\left[1+2C(1-\cos(\tau'))\right] R_2\left[1-C(1-\cos(\tau'))\right] R_3\left[1-C(1-\cos(\tau'))\right]$$
$$= R_1 R_2 R_3 \left[1+\mathcal{O}(C^2)\right]$$

となるからである．

5.3 重力波が作る時空のゆがみ – まとめ –

以上の考察をまとめると，無矛盾な解は式 (16)–(18) 最右辺しかない．変数を書き直して再掲する．$R_1^2 + R_2^2 + R_3^2 = R^2$, $\tau'(t,r) = \dfrac{2\sqrt{2}\pi}{L}(ct-r)$, $\widetilde{C} = \dfrac{GE_0^2 L^2}{8\mu_0 c^6}$ とおくと，

$$\xi^1 = R_1\left[\ 1+2\widetilde{C}\frac{L}{r}\left(\ 1-\cos\tau'(t,r)\ \right)\ \right], \tag{22}$$

$$\xi^2 = R_2\left[\ 1-\widetilde{C}\frac{L}{r}\left(\ 1-\cos\tau'(t,r)\ \right)\ \right], \tag{23}$$

$$\xi^3 = R_3\left[\ 1-\widetilde{C}\frac{L}{r}\left(\ 1-\cos\tau'(t,r)\ \right)\ \right]. \tag{24}$$

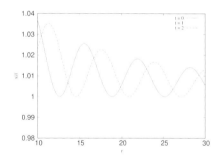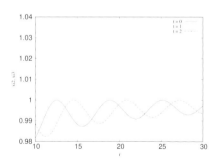

図 5 $t=0,1,2$ に対して，$\xi^1 = 1+2\dfrac{0.1}{r}[1-\cos(t-r)]$（左），$\xi^2 = \xi^3 = 1-\dfrac{0.1}{r}[1-\cos(t-r)]$（右）を示した．縦軸が $\xi^i(i=1,2,3)$，横軸が r である．縦軸と横軸のスケールは一致させてある．また，$r \gg L = 2\sqrt{2}\pi$ を仮定しているので，横軸は $r=10$ から開始している．

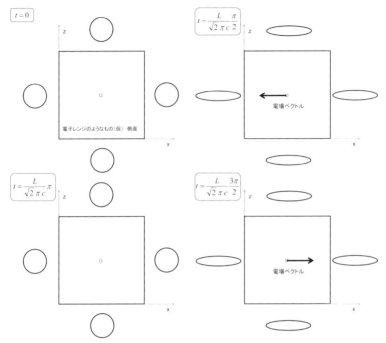

図6 原点近傍（r が十分小さいとき）において，電子レンジのようなもの（仮）が生成する重力波の様子．図2を，y 軸方向（真横）から見ている．磁場ベクトルは省略した．質点Ⅰは各楕円の中心に，質点Ⅱは各楕円周上に存在する．時空のゆがみ（楕円の離心率）は誇張している．式 (22)–(24) における r^{-1} の発散は無視している．電子レンジのようなもの（仮）は立方体であるため，r が小さいときには異方性を無視できないが，ここでは考慮していない．状態は，以下のように遷移する．

<u>左上</u>：電場ベクトルは0で，質点Ⅱは質点Ⅰの周囲を球状に取り巻いている．

<u>右上</u>：電場ベクトルは左向きで大きさは最大となる．同時に時空のゆがみも最大となる．

<u>左下</u>：電場ベクトルは0となる．時空のゆがみも消え，重力波の1周期分の振動が終了する．

<u>右下</u>：電場ベクトルは右向きで大きさは最大となる．同時に時空のゆがみも最大となる．

<u>左上</u>：その後，時刻 $t = \dfrac{L}{\sqrt{2}\pi c}2\pi$ に，電磁波の1周期分，重力波の2周期分の振動が終了する．

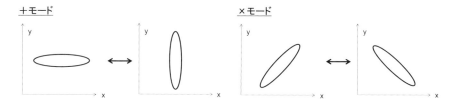

図7 z軸方向(紙面に対して垂直方向)に進行する平面重力波の＋モードと×モード．電磁波の偏光に対応する．[22] では，振動の様子を動画で見ることができる．各モードは絶対的なものではなく，時空を45°回転させることで互いに変換できる．

つまり，質点IIの分布は，$\tau'(t,r) = 0$で球面上にあったとしても，一般の$\tau'(t,r)$に対しては回転楕円体（x軸方向に長い長球）のようにゆがむ．

この解の様子を図示してみよう．簡単のため，$L = 2\sqrt{2}\pi$，c(光速) $= 1$，$\widetilde{C}L = 0.1$，$R_1 = R_2 = R_3 = 1$となるようにパラメータと単位系を設定する．図5は，時刻$t = 0$, 1, 2のときのξ^1, ξ^2 (ξ^3) の変動を示したものである．時空のゆがみが波のように進行していく様子が分かる．

rが十分小さい時，時刻$t = 0$から始めて1周期分の様子を模式的に示したものが図6である．式 (22)-(24) は，$r \lesssim L$では成り立たないが，大まかな振る舞いを把握するための参考にはなるだろう．このときには，電磁波と重力波は同期しており，電場ベクトルの大きさが最大のとき，時空のゆがみも最大となると考えられる．このように，重力波は電場だけに支配されているように見えるが，磁場は電場の相対論補正に過ぎない [21] ので，1st orderの計算では磁場の影響は現れないという解釈ができるかもしれない．なお，この図は，通常の平面重力波の＋モードや×モードに対応する（図7）．

rが大きくなると，重力波の伝搬速度は有限（光速）であることから，電磁波と重力波の位相はずれていき，振動のタイミングは一般には一致しない．

こうして，電子レンジのようなもの（仮）が生成する重力波の描像を得ることができた．生成された重力波が時空に与える影響をまとめると，以下のようになる[*15]．

[*15] もちろん，電子レンジのようなもの（仮）の設定の下での計算なので，一般的な結論と言えるかどうかは不明である．

- 1st order approximation では，重力波の影響は方向に依存せず，距離と時刻だけで決まる．
- 重力波の大きさは r^{-1} のように，遠くなるほど小さくなる．
- 時空は楕円体状に伸縮し，電場ベクトルの方向に伸び，電場ベクトルの垂直方向には縮むように振動する．
- 電子レンジのようなもの（仮）近傍では，電磁波と重力波の位相は同期しているようだが，重力波の伝搬速度は有限であるため，遠い地点では一般には一致しない．

電子レンジでもおそらく似たような感じで時空が伸び縮みしているところを想像すると，面白いかもしれない．

6 （理論家にとってさえ）夢のない話

> イエスは言われた．「それならば，皇帝のものは皇帝に，神のものは神に返しなさい．」
> —— 新共同訳聖書，ルカによる福音書20章25節

そもそも，電磁波の存在によって重力波は生成されるのだろうか？生成されること自体はアインシュタイン方程式や電磁場のエネルギー運動量テンソルの形からほとんど自明であるから，問題は，どのぐらいの大きさになるのか，特に観測可能性があるかどうか，である．5.1 節の計算の結果，プランク電圧程度にならないと電磁波は重力波を生成しないことが分かった．これは，古典論で扱えるエネルギースケールよりもはるかに大きく，観測可能性はないことを示唆する．

このことは次元解析からも明らかなので，アインシュタイン方程式を解くまでもない．実際，万有引力定数 G，電場の最大値 E_0，電子レンジのようなもの（仮）の一辺の大きさ L，真空の透磁率 μ_0，光速度 c，原点と観測者の距離 r から作られる無次元量は，本質的に $\frac{GE_0^2 L^2}{\mu_0 c^6}$ と $\frac{r}{L}$ の2つしかない．$\frac{r}{L}$ は系をスケールするだけの役割しかないので，重要な量は $\frac{GE_0^2 L^2}{\mu_0 c^6}$ のみであり，重力波の大きさは概ねこのオーダーとなる．

5.1 節で説明したように，電子レンジでも人が腕を回しても入力エネルギー量は大して変わらないのに，両者が作る重力波の大きさは 10 桁ほど変わるが，これはなぜだろうか．

両者の重力波がおおよそ等しいとして，$\dfrac{GE_0^2 L^2}{\mu_0 c^6}\dfrac{L}{r} \sim \dfrac{GMa^2\omega^2}{c^4 r}$ とおく．(腕を動かす速度) $\equiv V = a\omega$，(真空の誘電率) $\equiv \epsilon_0 = \dfrac{1}{\mu_0 c^2}$ として，変形していくと $\epsilon_0 E_0^2 L^3 \sim MV^2$ を得る．これは，空洞内に存在する電磁波の全エネルギーと腕の持つ運動エネルギーが同程度の大きさであれば，生成される重力波の大きさも概ね等しいことを意味している．

$\epsilon_0 E_0^2 L^3 \sim MV^2$ を成り立たせるためには巨大な電位差を必要とする．例えば，5.1 節のような，日常的な大きさの数を M, V, $E_0 L$, L に代入してしまうと，両辺は同程度の大きさとはならず，左辺 $\epsilon_0 E_0^2 L^3$ が小さくなってしまう．これは，SI 単位では，ϵ_0 のみ，8.85×10^{-12} Fm^{-1} と非常に小さいからである．言い換えると，電磁場エネルギーを真空に大量に蓄えることは難しいのである．ϵ_0 はおおよそクーロン定数の逆数であるから，電磁波が重力波を生成しづらい理由は，皮肉なことに，クーロン力が強すぎるからとも言える．

$\epsilon_0 E_0^2 L^3 \sim MV^2$ の式において，左辺が場の量なのに，右辺が質点の式であることは何か違和感がある．右辺を重力場を用いて表現できないのか，つまり，電場のエネルギー密度 $\dfrac{1}{2}\epsilon_0 \boldsymbol{E}^2$ に対応するような，重力エネルギー密度を表現する式は無いのかというと，存在しない [15] となっていたり，現在も議論の最中 [16] となっていたりする．重力場のエネルギー密度にきちんとした定義を与えることはかなり難しい問題であるため，これ以上の深入りは避ける．

ここまで述べてきたことを模式的にまとめると，以下のようになる．

$$0 < \underline{重力波が生成する電磁波} \ll \underline{電磁波が生成する重力波} \lesssim プランクスケール$$
$$\ll (超えられない壁) \ll \underline{質量が生成する重力波} \ll \underline{電荷が生成する電磁波}$$

大小関係は厳密ではなく，観測の容易さと考えてもらえばよい．重力波が生成する電磁波が最弱となっている理由は，付録 A で説明しているように，1st order の相互作用さえ存在しないからである．質量と重力波（場）が支配する世界と，電荷と電磁波（場）が支配する世界は，ほぼ完全に分離しており，互いに，各々の世界への侵入を拒んでいるかのようである[*16]．

[*16] ただし，電磁場と重力場の相互作用自体は，観測可能な大きさで存在する．例えば，エディントンは，日食時に太陽のすぐ近くに見える恒星からの光線が曲がって伝播することを観測した [30]．また，重力場から脱出してくる光の波長が元の波長よりも伸びる現象が観測されており，これを重力赤方偏移という [31]．

ここでほとんど存在しないと言っているのは，重力波や電磁波の生成であって，既に存在する重力波（場）と電磁波（場）の相互作用でないことに注意する．

ところで，電子レンジといえば，タイムリープマシンである [14][*17]．相対論効果の一つである時間の遅れ [23] を用いれば，理論的には容易に未来に行けるが，過去に行くことは不可能である．しかし，驚くべきことに一般相対論は過去への旅行を禁止してはいない．世界線を未来方向へ延長していくと，いつの間にか，時間座標も含めて元の座標に戻っているような世界線が存在することがある．これを時間的閉曲線 [24] という．アインシュタイン方程式の解の中で，時間的閉曲線を持つような解としては，ゲーデル解 [25] が知られている．しかしながら，[15] に以下のような記述がある．

> エネルギーが正[*18]ならば，(中略) 単純なトポロジー的構造を持つ空間中で時間的閉曲線が進化することを一般相対論は禁じている．

また，宇宙ひもを利用したタイムマシン [26] やワームホールを利用したタイムマシン [27] などが提案されているが，いずれも現実の宇宙に存在するかどうかは知られていない．つまり，一般相対論は確かに過去への旅行を禁止してはいないが，自然は事実上不可能としているのかもしれない [28][*19]．たかが 100 V の家庭用電源程度で時空構造や因果律が破壊されては困るのである．

上述したように，電磁波が生成する重力波は，次元解析からある程度理解でき，しかもその大きさは非常に小さいので，本書の内容は，理論家の計算練習程度の意味しかない[*20]．では，なぜ著者は本書を執筆したのか．ここまで読んだ読者なら分かるはずだ．**特に意味はない**．そうだろう？健闘を祈る．エル・プサイ・コングルゥ [14]．

[*17] もちろん，電子レンジのようなもの（仮）とは全く関係がない．付録 B も参照．
[*18] 厳密には，エネルギー運動量テンソルが正定値というような条件だった気がするが，詳細は不明．
[*19] しかしながら，近年の研究では，比較的現実的な時間的閉曲線が提案されているようである [29]．
[*20] とは言うものの，次元解析から得られる量 $\dfrac{GE_0^2 L^2}{\mu_0 c^6}$ は無次元量であり，重力波の大きさは，実は，この値の対数とか 4 乗根ぐらいで意外に観測可能な大きさになっているという可能性も無くはないかもしれないので，一応，計算練習程度の意味はある．

付録 A　電磁場は，弱い重力場からほとんど影響を受けない

電磁場は，弱い重力場からはほとんど影響されないことを示そう．

曲がった時空におけるマクスウェル方程式は，ミンコフスキー時空におけるマクスウェル方程式の微分を単純に共変微分にするだけでは不正確で，リッチテンソル $R_{\mu\nu}$ と電磁ポテンシャル A_μ の相互作用項がつく [1]. 四元電流密度を j^μ とおくと，

$$A^{\mu;\nu}_{;\nu} - (A^\nu_{;\nu})^{;\mu} - R^\mu_{\ \sigma}A^\sigma = -\mu_0 j^\mu. \tag{25}$$

したがって，理論的には重力場は電磁場に影響を与えうる．

方程式 (25) はリッチテンソルが出現して複雑であるため，同値である以下の形式を用いる．

$$(A^{\mu,\nu} - A^{\nu,\mu})_{;\nu} = -\mu_0 j^\mu.$$

この式を変形していく．クリストッフェル記号を用いると，

$$(A^\mu)^{,\nu}_{,\nu} - (A^\nu_{,\nu})^{,\mu} + \Gamma^\mu_{\sigma\nu}(A^{\sigma,\nu} - A^{\nu,\sigma}) + \Gamma^\nu_{\sigma\nu}(A^{\mu,\sigma} - A^{\sigma,\mu}) = -\mu_0 j^\mu. \tag{26}$$

ここで，$\Gamma^\mu_{\sigma\nu} = \Gamma^\mu_{\nu\sigma}$ なので，

$$(方程式 (26) 左辺第 3 項) = \Gamma^\mu_{\sigma\nu}(A^{\sigma,\nu} - A^{\nu,\sigma}) = \Gamma^\mu_{\nu\sigma}(A^{\nu,\sigma} - A^{\sigma,\nu})$$
$$= -\Gamma^\mu_{\sigma\nu}(A^{\sigma,\nu} - A^{\nu,\sigma})$$

となって，実は，(方程式 (26) 左辺第 3 項) $= 0$ である．

次に，方程式 (26) 左辺第 4 項について考える．クリストッフェル記号の定義は $\Gamma^\mu_{\nu\sigma} = \frac{1}{2}g^{\mu\lambda}(g_{\sigma\lambda,\nu} + g_{\lambda\nu,\sigma} - g_{\nu\sigma,\lambda})$ であり，2 次の微小量を無視すると，$\Gamma^\mu_{\nu\sigma} = \frac{1}{2}\eta^{\mu\lambda}(h_{\sigma\lambda,\nu} + h_{\lambda\nu,\sigma} - h_{\nu\sigma,\lambda})$ となる．したがって，

$$\Gamma^\nu_{\sigma\nu} = \frac{1}{2}\eta^{\nu\lambda}(h_{\nu\lambda,\sigma} + h_{\lambda\sigma,\nu} - h_{\sigma\nu,\lambda}).$$

ここで，$\eta^{\nu\lambda}$ は対角成分のみを持ち，$h_{\nu\lambda}$ は対称テンソルであることから，$\eta^{\nu\lambda}h_{\lambda\sigma,\nu} = \eta^{\nu\lambda}h_{\sigma\nu,\lambda}$ である．また，$T^\mu_\mu = 0$ より，$\eta^{\nu\lambda}h_{\nu\lambda} = 0$ である．したがって，実は，$\Gamma^\nu_{\sigma\nu} = 0$ であり，(方程式 (26) 左辺第 4 項) $= 0$ である．

以上より，方程式 (26) は

$$(A^\mu)^{;\nu}_{;\nu} - (A^\nu_{,\nu})^{;\mu} = -\mu_0 j^\mu.$$

のみが残り，ミンコフスキー空間の場合のマクスウェル方程式と同じになってしまう．言い換えると，重力場が弱い場合[*21] には，1st order の範囲で電磁場は重力場の影響を受けない．

付録 B 電子レンジは空洞共振器と見なせるか？

電子レンジで用いられるマイクロ波の波長は，空洞共振器の共振波長と一致させることはできるのだろうか．もちろん一致したところで空洞共振器であると断言できるわけではなく，単なる必要条件（一致するようなモードが存在しなかった場合には空洞共振器でない．）である．ちなみに，電子レンジのマイクロ波の振動数は 2.45 GHz なので，波長は 12.2 cm である．

辺の長さが a, b, c の直方体の空洞共振器の場合，共振波長 λ は次式で与えられる．

$$\lambda = \frac{1}{\sqrt{\left(\frac{l}{2a}\right)^2 + \left(\frac{m}{2b}\right)^2 + \left(\frac{n}{2c}\right)^2}}.$$

ここで，l, m, n は 0 以上の整数で，少なくとも 2 つは 1 以上でなければならない．そこで，

$$r = \left| \log\left(\lambda \sqrt{\left(\frac{l}{2a}\right)^2 + \left(\frac{m}{2b}\right)^2 + \left(\frac{n}{2c}\right)^2} \right) \right|$$

を指標として，r が 0 に近い (l, m, n) の組み合わせを探索することにする．

表 1 に，電子レンジの庫内サイズを cm 単位で示した．シャープ製品が多い気がするが，特に意図はなく，たまたま庫内サイズが公表されていた電子レンジを適当にいくつか対象としている．また，オーブンレンジと単機能レンジで何かが異なる可能性を考え，両者を 3 製品ずつ選択した．

r の大きさを，モードごと，製品ごとにグラフに表示したものが図 8 である．この図からは，r が小さいモードは 222, 322, 232 あたりであることが分かる．

[*21] 先の計算を検討すると，2 次の微小量を無視することが重要なのではなくて，$g^{\mu\lambda}$ が対角成分のみを持つということが重要であることが分かる．ただ，弱い重力場であれば，ほぼミンコフスキー時空で，ほぼ対角成分のみを持つことから，ここでは分かりやすく「重力場が弱い場合」と言い換えている（このように書いたほうが本書のテーマにも合う．）．

表 1 電子レンジの庫内サイズ (cm)

No.	製品名	幅	奥行き	高さ
1	無印良品 オーブンレンジ・15L 15236695 良品計画	28.0	31.2	15.6
2	シャープ オーブンレンジ 15L ホワイト系 RES-A50-AW	28.5	29.5	15.0
3	BALMUDA K04A-SU ステンレス（オーブンレンジ）	35.3	29.3	16.8
4	シャープ RE-TF1（単機能レンジ）	29.5	31.5	18.0
5	シャープ RE-TS3 / RE-T3（単機能レンジ）	30.0	33.5	20.0
6	PANASONIC NE-E22A2-W（単機能レンジ）	31.5	35.3	20.6

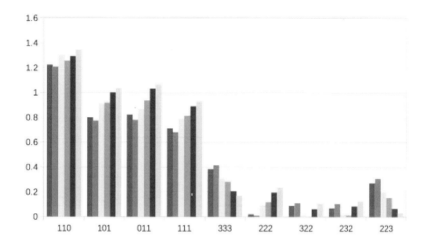

図 8 r と，各電子レンジ，モードの関係．横軸の 011 等はモード (l, m, n) に対応する．各モード内の棒グラフは，電子レンジ製品の r を，No. 順に表示している．なお，この図に載っていないモードとしては 013 などがあるが，それらは 222, 322, 232 の一群の r より大きくなってしまうために載せていない．

より詳しく見るために，製品やモードの区別なく，r に関してソートし，r が小さいレンジからいくつか昇順に並べたものが表 2 である．これを見ると，電子レンジの No.4 は文句なく，モード 322 の空洞共振器と見なせるであろう（実際に空洞共振器だと主張しているわけではない）．No.2, 3, 1, 6 はモード 222, 322, 223 あたりの空洞共振器と見なせるかもしれない．しかし，No.5 はかなり微妙である．モード 322 と 223 がほぼ同程度に大きく，どちらとも区別できない．したがって，電子レンジが空洞共振器と見なせる可能性があるかどうかは，製品に依存する．

表 2 製品やモードの区別なく，r をソートして昇順に並べ，適当なところまで r が小さい組み合わせだけを抽出した．

No.	モード	r
4	322	0.000078
2	222	0.0108
3	322	0.0125
4	232	0.0133
1	222	0.0204
3	232	0.0211
6	223	0.0315
5	322	0.0627
5	223	0.0664

ところで，電子レンジのようなもの（仮）は，やはり電子レンジではない[*22]．というのは，電子レンジのようなもの（仮）の設定では，モードは TE_{011} を採用しているが，011, 101, 110（軸の違いも考慮）の各モードの r が 0 に近い電子レンジは存在しないからである．

付録 C　クリストッフェル記号とリーマン曲率テンソルの計算

電子レンジのようなもの（仮）の設定における重力場 $g^{\mu\nu}$（式 (6)），$g_{\mu\nu}$（式 (7)）を用いて，クリストッフェル記号とリーマン曲率テンソルを求めておく．$g^{\mu\nu}$，$g_{\mu\nu}$ は対角成分のみを持つため，計算はそれほど難しくないが，それでも計算量はかなり多いため，必要な箇所だけを計算するという方針で行く．なお，以下では，ギリシャ文字の添字にはアインシュタインの規約を適用するが，ローマ字には適用しない．

まず，$g_{\mu\nu}$ の微分を求める．$B \equiv \dfrac{2\sqrt{2}\pi}{L}$ として，

$$C(x^0, r) \equiv p(x^0, r) = \cos\left[B(x^0 - r)\right],$$
$$S(x^0, r) \equiv \sin\left[B(x^0 - r)\right]$$

[*22] もちろん，電話レンジ（仮）[14] でもない．

と約束すると，$\dfrac{\partial}{\partial x^0} p\left(x^0, r\right) = -B \sin\left[B\left(x^0 - r\right)\right] = -B\, S(x^0, r)$ となるので，

$$g_{\mu\nu,0} = A\frac{L}{r}\begin{pmatrix} 0 & & & \\ & \dfrac{\partial}{\partial x^0} p\left(x^0, r\right) & & \\ & & \dfrac{\partial}{\partial x^0}\dfrac{1 - p\left(x^0, r\right)}{2} & \\ & & & \dfrac{\partial}{\partial x^0}\dfrac{1 - p\left(x^0, r\right)}{2} \end{pmatrix}$$

$$= AB\,\frac{L}{r}\,S(x^0, r)\begin{pmatrix} 0 & & & \\ & -1 & & \\ & & \dfrac{1}{2} & \\ & & & \dfrac{1}{2} \end{pmatrix}.$$

空間方向の微分に関しては，$\sigma = 1, 2, 3$ として，$\dfrac{\partial r}{\partial x^\sigma} = \dfrac{\partial}{\partial x^\sigma}\sqrt{(x^1)^2 + (x^2)^2 + (x^3)^2} = \dfrac{x^\sigma}{r}$ であるから，$\dfrac{\partial}{\partial x^\sigma} p\left(x^0, r\right) = B\dfrac{x^\sigma}{r}\sin\left[B\left(x^0 - r\right)\right] = B\dfrac{x^\sigma}{r}S(x^0, r)$ より，

$$g_{\mu\nu,\sigma} = AL\begin{pmatrix} \dfrac{\partial}{\partial x^\sigma}\dfrac{1}{r} & & & \\ & \dfrac{\partial}{\partial x^\sigma}\dfrac{p\left(x^0, r\right)}{r} & & \\ & & \dfrac{\partial}{\partial x^\sigma}\dfrac{1 - p\left(x^0, r\right)}{2r} & \\ & & & \dfrac{\partial}{\partial x^\sigma}\dfrac{1 - p\left(x^0, r\right)}{2r} \end{pmatrix}$$

$$= AL\frac{x^\sigma}{r^3}\left[\begin{pmatrix} -1 & & & \\ & 0 & & \\ & & -\dfrac{1}{2} & \\ & & & -\dfrac{1}{2} \end{pmatrix} + \left(B\,r\,S(x^0, r) - C(x^0, r)\right)\begin{pmatrix} 0 & & & \\ & 1 & & \\ & & -\dfrac{1}{2} & \\ & & & -\dfrac{1}{2} \end{pmatrix}\right].$$

次に，クリストッフェル記号の定義は，

$$\Gamma^\mu_{\alpha\beta} = \frac{g^{\mu\nu}}{2}(g_{\nu\beta,\alpha} + g_{\alpha\nu,\beta} - g_{\alpha\beta,\nu}).$$

2次以上の微小量を無視し，$\mu \neq \nu$ では，$g^{\mu\nu} = 0$ であるから，

$$\Gamma^i_{\alpha\beta} \approx \frac{\eta^{ii}}{2}(g_{i\beta,\alpha} + g_{\alpha i,\beta} - g_{\alpha\beta,i}) = \frac{1}{2}\eta^{ii} \times \begin{cases} g_{ii,i} & (\alpha = \beta = i), \\ -g_{\alpha\alpha,i} & (\alpha = \beta \neq i), \\ g_{ii,\alpha} & (\alpha \neq \beta = i), \\ g_{ii,\beta} & (i = \alpha \neq \beta), \\ 0 & (\text{otherwise}). \end{cases} \qquad (27)$$

つまり，α, β, i が全て異なっている場合には 0 である．また，$\Gamma^\mu_{\alpha\beta} = \Gamma^\mu_{\beta\alpha}$ であるから，最初から $\alpha \le \beta$ を仮定してよい．これで準備が完了したので，クリストッフェル記号の各成分を具体的に求めていく．

$$\Gamma^0_{00} = \frac{1}{2} g_{00,0} = 0,$$

$$\Gamma^0_{0\sigma} = \frac{1}{2} g_{00,\sigma} = -\frac{AL}{2} \frac{x^\sigma}{r^3} \qquad (\sigma = 1, 2, 3),$$

$$\Gamma^0_{11} = \frac{1}{2}(-g_{11,0}) = \frac{ALB}{2}\frac{1}{r} S(x^0, r),$$

$$\Gamma^0_{\lambda\lambda} = \frac{1}{2}(-g_{\lambda\lambda,0}) = -\frac{ALB}{4}\frac{1}{r} S(x^0, r) \qquad (\lambda = 2, 3),$$

$$\Gamma^1_{00} = -\frac{1}{2}(-g_{00,1}) = -\frac{AL}{2}\frac{x^1}{r^3},$$

$$\Gamma^1_{01} = -\frac{1}{2} g_{11,0} = \frac{ALB}{2}\frac{1}{r} S(x^0, r),$$

$$\Gamma^1_{1\sigma} = -\frac{1}{2} g_{11,\sigma} = -\frac{AL}{2}\frac{x^\sigma}{r^3}\left[B\,r\,S(x^0,r) - C(x^0,r)\right] \qquad (\sigma = 1, 2, 3),$$

$$\Gamma^1_{\lambda\lambda} = -\frac{1}{2}(-g_{\lambda\lambda,1}) = -\frac{AL}{4}\frac{x^1}{r^3}\left[1 + B\,r\,S(x^0,r) - C(x^0,r)\right] \qquad (\lambda = 2, 3),$$

$$\Gamma^\lambda_{00} = -\frac{1}{2}(-g_{00,\lambda}) = -\frac{AL}{2}\frac{x^\lambda}{r^3} \qquad (\lambda = 2, 3),$$

$$\Gamma^s_{0s} = -\frac{1}{2} g_{ss,0} = -\frac{ALB}{4}\frac{1}{r} S(x^0, r) \qquad (s = 2, 3),$$

$$\Gamma^\lambda_{11} = -\frac{1}{2}(-g_{11,\lambda}) = \frac{AL}{2}\frac{x^\lambda}{r^3}\left[B\,r\,S(x^0,r) - C(x^0,r)\right] \qquad (\lambda = 2, 3),$$

$$\Gamma^s_{\sigma s} = -\frac{1}{2} g_{ss,\sigma} = \frac{AL}{4}\frac{x^\sigma}{r^3}\left[1 + B\,r\,S(x^0,r) - C(x^0,r)\right] \qquad (\sigma = 1,2,3,\ s = 2,3),$$

$$\Gamma^2_{33} = -\frac{1}{2}(-g_{33,2}) = -\frac{AL}{4}\frac{x^2}{r^3}\left[1 + B\,r\,S(x^0,r) - C(x^0,r)\right],$$

$$\Gamma^3_{22} = -\frac{1}{2}(-g_{22,3}) = -\frac{AL}{4}\frac{x^3}{r^3}\left[1 + B\,r\,S(x^0,r) - C(x^0,r)\right].$$

次に，リーマン曲率テンソルの定義は，

$$R^\mu_{\alpha\beta\gamma} = \Gamma^\mu_{\alpha\gamma,\beta} - \Gamma^\mu_{\alpha\beta,\gamma} + \Gamma^\mu_{\nu\beta}\Gamma^\nu_{\alpha\gamma} - \Gamma^\mu_{\nu\gamma}\Gamma^\nu_{\alpha\beta}$$

であるが，2次以上の微小量を無視すると，右辺第3項と4項は無くなる．さらに，5.2節の議論から，リーマン曲率テンソルを全て求める必要はなく，$R^\mu_{00\gamma}$ を計算しておけば十分である．

$$R^\mu_{00\gamma} \approx \Gamma^\mu_{0\gamma,0} - \Gamma^\mu_{00,\gamma}. \tag{28}$$

そこで，クリストッフェル記号の微分のうち，必要な項を先に計算しておく．

$$\Gamma^1_{01,0} = \frac{ALB^2}{2}\frac{1}{r}\,C(x^0,r),$$
$$\Gamma^s_{0s,0} = -\frac{ALB^2}{4}\frac{1}{r}\,C(x^0,r) \quad (s=2,3),$$
$$\Gamma^\lambda_{00,\sigma} = \frac{AL}{2}\frac{3x^\lambda x^\sigma - \delta_{\lambda\sigma}r^2}{r^5} \quad (\lambda=1,2,3,\ \sigma=1,2,3).$$

ここで，$\delta_{\lambda\sigma}$ はクロネッカーの δ で，添字が等しいときのみ 1 でそうでないときは 0 である．式 (28) に出現する項のうち，0 にならない項は以上で全てである．

$r \gg L$ より，r^{-1} の高次項を無視すると，

$R^0_{000} = \Gamma^0_{00,0} - \Gamma^0_{00,0} = 0,$
$R^0_{001} = \Gamma^0_{01,0} - \Gamma^0_{00,1} = 0,$
$R^0_{002} = \Gamma^0_{02,0} - \Gamma^0_{00,2} = 0,$
$R^0_{003} = \Gamma^0_{03,0} - \Gamma^0_{00,3} = 0,$
$R^1_{000} = \Gamma^1_{00,0} - \Gamma^1_{00,0} = 0,$
$R^1_{001} = \Gamma^1_{01,0} - \Gamma^1_{00,1} = \dfrac{ALB^2}{2}\dfrac{1}{r}C(x^0,r) - \dfrac{AL}{2}\dfrac{3(x^1)^2 - r^2}{r^5} \approx \dfrac{4\pi^2 A}{L}\dfrac{\cos\left[B(x^0-r)\right]}{r},$
$R^1_{002} = \Gamma^1_{02,0} - \Gamma^1_{00,2} = -\dfrac{3AL}{2}\dfrac{x^1 x^2}{r^5},$
$R^1_{003} = \Gamma^1_{03,0} - \Gamma^1_{00,3} = -\dfrac{3AL}{2}\dfrac{x^1 x^3}{r^5},$
$R^2_{000} = \Gamma^2_{00,0} - \Gamma^2_{00,0} = 0,$
$R^2_{001} = \Gamma^2_{01,0} - \Gamma^2_{00,1} = -\dfrac{3AL}{2}\dfrac{x^2 x^1}{r^5},$
$R^2_{002} = \Gamma^2_{02,0} - \Gamma^2_{00,2} = -\dfrac{ALB^2}{4}\dfrac{1}{r}C(x^0,r) - \dfrac{AL}{2}\dfrac{3(x^2)^2 - r^2}{r^5} \approx -\dfrac{2\pi^2 A}{L}\dfrac{\cos\left[B(x^0-r)\right]}{r},$
$R^2_{003} = \Gamma^2_{03,0} - \Gamma^2_{00,3} = -\dfrac{3AL}{2}\dfrac{x^2 x^3}{r^5},$
$R^3_{000} = \Gamma^3_{00,0} - \Gamma^3_{00,0} = 0,$
$R^3_{001} = \Gamma^3_{01,0} - \Gamma^3_{00,1} = -\dfrac{3AL}{2}\dfrac{x^3 x^1}{r^5},$
$R^3_{002} = \Gamma^3_{02,0} - \Gamma^3_{00,2} = -\dfrac{3AL}{2}\dfrac{x^3 x^2}{r^5},$
$R^3_{003} = \Gamma^3_{03,0} - \Gamma^3_{00,3} = -\dfrac{ALB^2}{4}\dfrac{1}{r}C(x^0,r) - \dfrac{AL}{2}\dfrac{3(x^3)^2 - r^2}{r^5} \approx -\dfrac{2\pi^2 A}{L}\dfrac{\cos\left[B(x^0-r)\right]}{r}.$

以上で，必要な量は全て求まった．

謝辞

図の作成法や相対論の質問に答えていただいた暗黒通信団の皆様に感謝いたします．

参考文献

[1] EMANの物理学・相対性理論・重力場中の電磁気学,
http://eman-physics.net/relativity/denjuu.html

[2] J. フォスター，J.D. ナイチンゲール，一般相対論入門，1991．

[3] アプリケータ（反応容器） | 製品 | 古河 C&B 株式会社 マイクロ波応用製品,
https://www.furukawa-fcb.co.jp/microwave/products/applicators.html

[4] 電子レンジ＋チョコで「光の速度」を確認する実験 | WIRED.jp,
https://wired.jp/2010/02/18/電子レンジ＋チョコで「光の速度」を確認する実/

[5] PHYS370 - Advanced Electromagnetism Part 5: Cavities and Waveguides,
http://pcwww.liv.ac.uk/~awolski/Teaching/Liverpool/PHYS370/AdvancedElectromagnetism-Part5.pdf

[6] 三谷 友彦，はじめて学ぶ電磁波工学と実践設計法 マイクロ波加熱応用の基礎・設計，2015．

[7] 三尾 典克，相対性理論 基礎から実験的検証まで，2007．

[8] C. W. Misner, K. S. Thorne, J. A. Wheeler, Gravitation, 1973.

[9] 電圧の比較 - Wikipedia, https://ja.wikipedia.org/wiki/電圧の比較

[10] CERN の考える未来の加速器〜プラズマ・ウエークフイールド,
https://www.trendswatcher.net/112016/science/cern の考える未来の加速器-プラズマ_ウエークフイールド

[11] 磁場の比較 - Wikipedia, https://ja.wikipedia.org/wiki/磁場の比較

[12] 長野 晃士，ナビゲータートーク：重力波 重力波の検出器と物理,
http://granite.phys.s.u-tokyo.ac.jp/knagano/presentation/20171015_YMAP_workshop_NaviTalk.pdf

[13] 弓元 一馬, 電子レンジのワット数確認方法・使い分け方・違い・時間換算方法,

https://uranaru.jp/topic/1033097

[14] STEINS;GATE の用語一覧 - Wikipedia,

https://ja.wikipedia.org/wiki/STEINS;GATE の用語一覧

[15] ジェームズ B. ハートル, 重力 アインシュタインの一般相対性理論入門, 2008.

[16] 前田 恵一, 重力理論講義 相対性理論と時空物理学の進展, 2008.

[17] 電子レンジで光速なんか測っちゃダメダヨー,

http://www.02320.net/mistake-for-microwave-to-lightspeed

[18] 測地線偏差の方程式,

https://teenaka.at.webry.info/201211/article_7.html

[19] マシュー函数 - Wikipedia, https://ja.wikipedia.org/wiki/マシュー函数

[20] Python NumPy SciPy : 1 階常微分方程式の解法 | org-技術, https://org-technology.com/posts/ordinary-differential-equations.html

[21] R.P. ファインマン, ファインマン物理学〈3〉電磁気学, 1986.

[22] 重力波 (相対論) - Wikipedia, https://ja.wikipedia.org/wiki/重力波_(相対論)

[23] 時間の遅れ - Wikipedia, https://ja.wikipedia.org/wiki/時間の遅れ

[24] Closed timelike curve - Wikipedia,

https://en.wikipedia.org/wiki/Closed_timelike_curve

[25] ゲーデル解 - Wikipedia, https://en.wikipedia.org/wiki/ゲーデル解

[26] 宇宙ひもを利用したタイムマシン - Wikipedia, https://en.wikipedia.org/タイムマシン#宇宙ひもを利用したタイムマシン

[27] 実用化への問題 - Wikipedia, https://en.wikipedia.org/ワームホール#実用化への問題

[28] Chronology protection conjecture - Wikipedia,

https://en.wikipedia.org/Chronology_protection_conjecture

[29] タイムパラドクスのあれ, https://srad.jp/~phason/journal/512423

[30] 1919年5月29日の日食 - Wikipedia,
https://en.wikipedia.org/1919年5月29日の日食

[31] 重力赤方偏移 - Wikipedia, https://en.wikipedia.org/赤方偏移#重力赤方偏移

<small>でんしれんじのようなものかっこかりをつかってじゅうりょくはをつくろう</small>
電子レンジのようなもの（仮）を使って重力波を作ろう

2018年12月31日 初版 発行
著 者　蒼馬 竜　（そうま りゅう）
発行者　星野 香奈　（ほしの かな）
発行所　同人集合 暗黒通信団　（http://ankokudan.org/d/）
　　　　〒277-8691 千葉県柏局私書箱 54号 D係
頒　価　300円 / ISBN978-4-87310-228-3 C0042

シュタゲ0アニメ版完結記念．初版頒布終了後，PDFで公開予定．

ⓒCopyright 2018 暗黒通信団　　　　　Printed in Japan